Realtà Virtuale e Realtà Aumentata

Un'introduzione per i principianti.

Testi Creativi

Scrittura Professionale Online

Indice

Realtà Virtuale e Realtà Aumentata

Un'introduzione per i principianti.

I
Introduzione al Mondo della Realtà Virtuale

1.1 Definizione e Concetti Fondamentali

La Realtà Virtuale (VR) è una tecnologia immersiva che sfrutta dispositivi e ambienti digitali per creare un'esperienza sensoriale tridimensionale, simulando la presenza fisica dell'utente in un ambiente virtuale. Questa definizione apre le porte a una vasta gamma di esperienze, dalle simulazioni di giochi coinvolgenti alle applicazioni pratiche nei settori professionali e medici.

La chiave concettuale della VR è la "presenza", che si riferisce al senso di essere realmente in un luogo diverso da quello fisico in cui ci si trova. Per esempio, indossando un visore VR e camminando attraverso un bosco virtuale, si può avvertire il vento tra gli alberi e il calore del sole, creando un'esperienza immersiva senza precedenti.

1.2 Storia e Evoluzione della Realtà Virtuale

Per comprendere appieno la portata della Realtà Virtuale, dobbiamo esplorare la sua evoluzione storica. Gli albori della VR risalgono agli anni '60, quando il pioniere Ivan Sutherland sviluppò "The Sword of Damocles", il primo sistema di realtà virtuale. Questo dispositivo, nonostante fosse rudimentale rispetto agli standard attuali, gettò le basi per le future innovazioni.

Nel corso degli anni '80 e '90, la VR fece alcune incursioni timide nel mercato dei consumatori con dispositivi come il Power Glove. Tuttavia, fu solo con l'avvento di tecnologie più avanzate e accessibili, come l'Oculus Rift nel 2012, che la VR iniziò a guadagnare popolarità su larga scala.

1.3 Impatti sulla Società e sull'Industria

La diffusione della Realtà Virtuale ha avuto impatti significativi in molteplici settori. Nel campo della salute, l'utilizzo della VR si estende dalla terapia virtuale del trauma alla simulazione di interventi chirurgici. I pazienti che soffrono di fobie possono affrontare le loro paure in ambienti controllati, accelerando i processi di guarigione.

Nell'istruzione, la VR ha rivoluzionato l'apprendimento attraverso simulazioni immersive. Ad esempio, gli studenti di biologia possono esplorare il corpo umano in dettaglio, muovendosi attraverso organi e sistemi, rendendo l'apprendimento più coinvolgente ed efficace.

1.4 Esempi Pratici: Realtà Virtuale nel Settore Educativo

Per illustrare l'uso pratico della Realtà Virtuale nel settore educativo, consideriamo uno scenario in cui gli studenti stanno studiando l'antica Roma. Con visori VR, possono essere trasportati direttamente nel cuore di un anfiteatro romano, esplorare le strade lastricate e persino assistere a eventi storici cruciali. Questa immersione virtuale offre una prospettiva vivida e memorabile che va oltre i libri di testo tradizionali.

Altro esempio è l'insegnamento della geometria. Gli studenti possono manipolare forme tridimensionali in uno spazio virtuale, rendendo astratti concetti matematici tangibili e comprensibili. La VR trasforma così il processo di apprendimento, rendendolo più coinvolgente e accessibile.

1.5 Applicazioni della Realtà Virtuale nell'Industria del Gioco

Uno degli impieghi più noti della Realtà Virtuale è nel settore del gioco. I videogiochi VR offrono esperienze che vanno oltre la semplice interazione con uno schermo. Giochi come "Beat Saber" trasformano i giocatori in veri e propri artisti marziali, mentre "The Elder Scrolls V: Skyrim VR" consente di esplorare il vasto mondo fantasy del gioco in modo immersivo.

1.6 Esempi Pratici: Trasformare il Gioco Tradizionale con la Realtà Virtuale

Per comprendere appieno come la Realtà Virtuale stia trasformando il gioco, consideriamo il gioco da tavolo classico "Monopoli". In una versione VR, i giocatori possono camminare per le strade di una riproduzione virtuale della città, acquistare proprietà e vedere crescere i loro imperi immobiliari in modo realistico. La VR porta così una nuova dimensione all'esperienza di gioco, trasformando giochi tradizionali in esperienze coinvolgenti e dinamiche.

1.7 Conclusioni del Capitolo 1

In questo capitolo introduttivo, abbiamo esplorato la definizione e i concetti fondamentali della Realtà Virtuale, esaminato la sua evoluzione storica, e analizzato gli impatti sulla società e sull'industria, con particolare attenzione agli esempi pratici nel settore educativo e del gioco. La Realtà

Virtuale emerge così come una tecnologia trasformativa, capace di plasmare e arricchire le nostre esperienze in modi unici e innovativi.

II
Fondamenti Tecnologici della Realtà Virtuale

2.1 Hardware e Dispositivi VR

Per immergersi nel mondo della Realtà Virtuale, è essenziale comprendere i fondamenti tecnologici che rendono possibile questa esperienza. Il cuore di ogni sistema VR è costituito dal suo hardware. I visori VR sono il componente principale, collocati sulla testa dell'utente per bloccare la vista del mondo reale e sostituirla con un ambiente virtuale.

I visori VR variano in termini di qualità e funzionalità. Ad esempio, Oculus Rift e HTC Vive sono visori premium che offrono un'ampia gamma di movimenti e interazioni, mentre visori più accessibili come Oculus Quest offrono una soluzione standalone senza la necessità di collegamenti esterni.

Oltre ai visori, i controller sono fondamentali per l'interazione. Questi dispositivi, spesso dotati di sensori di movimento, consentono agli utenti di manipolare oggetti virtuali e interagire con l'ambiente. Alcuni controller, come quelli di PlayStation VR, integrano anche feedback tattile per una maggiore immersività.

2.2 Software e Applicazioni Chiave

Accanto all'hardware, il software svolge un ruolo cruciale nel plasmare l'esperienza VR. Le applicazioni VR spaziano dai giochi agli strumenti professionali, offrendo una vasta gamma di possibilità. Le piattaforme di distribuzione, come SteamVR e Oculus Store, fungono da vetrine per un'ampia varietà di contenuti VR.

Gli sviluppatori creano applicazioni utilizzando motori grafici come Unity e Unreal Engine. Questi strumenti forniscono gli strumenti necessari per la creazione di ambienti virtuali, personaggi e interazioni. Ad esempio, un gioco come "Moss" sfrutta la potenza di tali motori per offrire una grafica straordinaria e una narrativa coinvolgente.

Le applicazioni chiave della Realtà Virtuale si estendono oltre l'intrattenimento. Ad esempio, "Tilt Brush" consente agli utenti di dipingere in uno spazio 3D, aprendo nuove possibilità creative. Allo stesso tempo, "Bigscreen" permette di condividere virtualmente uno schermo con altri utenti, creando un ambiente collaborativo.

2.3 Input e Interazione Utente

Un aspetto fondamentale della Realtà Virtuale è l'interazione diretta dell'utente con l'ambiente virtuale. Gli input utente possono variare da gesti fisici a comandi vocali. I visori più avanzati integrano sensori di tracciamento del movimento e telecamere, consentendo il rilevamento preciso dei movimenti dell'utente.

Ad esempio, "Beat Saber" sfrutta il tracciamento dei movimenti dei controller per consentire ai giocatori di colpire note virtuali al ritmo della musica. Allo stesso modo, applicazioni di disegno come "Quill" consentono agli utenti di creare opere d'arte tridimensionali attraverso movimenti manuali nel mondo virtuale.

L'interazione utente può estendersi anche al rilevamento di emozioni. Alcune applicazioni utilizzano sensori di rilevamento delle espressioni facciali per adattare dinamicamente l'esperienza. Ad esempio, un'applicazione di formazione può adattare gli scenari in base alle reazioni emotive dell'utente, aumentando l'efficacia dell'apprendimento.

2.4 Esempi Pratici: Realtà Virtuale nel Settore Medico

Per comprendere come questi fondamenti tecnologici si traducono in applicazioni pratiche, esaminiamo l'utilizzo della Realtà Virtuale nel settore medico. La società Touch Surgery, ad esempio, fornisce simulazioni chirurgiche virtuali per allenare i chirurghi. Utilizzando visori VR, i medici possono praticare procedure complesse in un ambiente virtuale prima di affrontarle nella realtà.

Inoltre, la terapia del dolore può beneficiare dell'uso della VR. Applicazioni come "Cool!" sono progettate per distrarre i pazienti durante procedure mediche dolorose, portandoli in mondi virtuali rilassanti e distanti dalla realtà fisica.

2.5 Conclusioni del Capitolo 2

In questo capitolo, abbiamo esaminato i fondamenti tecnologici della Realtà Virtuale, focalizzandoci su hardware, software, input e interazione utente. Gli esempi pratici nel settore medico hanno illustrato come questi elementi si combinino per creare applicazioni e esperienze innovative. Prossimamente, esploreremo in dettaglio il mondo dei giochi VR e le diverse opportunità di sviluppo che offre.

III
Giochi e Realtà Virtuale

3.1 Connessione tra Videogiochi e Realtà Virtuale

La connessione tra i videogiochi e la Realtà Virtuale è profonda e intrinseca. Mentre i videogiochi tradizionali offrono esperienze su uno schermo bidimensionale, la Realtà Virtuale porta il giocatore all'interno del gioco stesso. Questa trasformazione consente un coinvolgimento senza precedenti, poiché il giocatore non è più uno spettatore, ma è immerso direttamente nell'azione.

Esaminiamo il gioco "Superhot VR" come esempio di come la Realtà Virtuale può rivoluzionare i giochi d'azione. In questo titolo, il tempo si muove solo quando il giocatore si muove, creando una sensazione di controllo totale sull'ambiente. Il giocatore può schivare proiettili, afferrare armi virtuali e sperimentare un livello di coinvolgimento impossibile nei giochi tradizionali.

3.2 Esperienze Immersive e Narrative

Una delle caratteristiche distintive dei giochi in Realtà Virtuale è la loro capacità di creare esperienze immersive e narrative coinvolgenti. In "The Elder Scrolls V: Skyrim VR", ad esempio, i giocatori possono esplorare un vasto mondo aperto, interagire con personaggi virtuali e seguire una trama epica. La sensazione di essere veramente immersi in un mondo fantastico aggiunge un livello di profondità e coinvolgimento emotivo che va al di là di quanto possa offrire un gioco tradizionale.

L'aspetto narrativo è ancor più evidente in giochi come "Moss", in cui i giocatori seguono le avventure di un piccolo topo di nome Quill. La prospettiva in prima persona permette ai giocatori di sviluppare un legame emotivo con il personaggio, rendendo l'esperienza più intima ed emozionante.

3.3 Generi di Giochi VR Popolari

I generi di giochi VR sono diversificati, abbracciando una vasta gamma di esperienze. Uno dei generi più popolari è quello degli sparatutto in prima persona (FPS), in cui il giocatore si trova direttamente nel cuore dell'azione. "Half-Life: Alyx" è un esempio eclatante di come la Realtà Virtuale possa elevare l'esperienza di uno sparatutto, offrendo una narrativa coinvolgente e un'interazione ambientale avanzata.

I giochi puzzle sono un'altra categoria ampiamente sfruttata nella VR. "Tetris Effect" offre una prospettiva unica, consentendo ai giocatori di manipolare i blocchi in uno spazio tridimensionale. Questo esempio dimostra come la Realtà Virtuale possa rivitalizzare anche i generi di giochi più classici.

3.4 Esempi Pratici: Realtà Virtuale nel Gioco di Ruolo

Un ambito in cui la Realtà Virtuale ha un impatto significativo è il gioco di ruolo (RPG). "OrbusVR" è un MMORPG (Massively Multiplayer Online Role-Playing Game) progettato appositamente per la Realtà Virtuale. I giocatori possono esplorare un mondo fantastico, interagire con altri utenti e partecipare a missioni epiche, creando una connessione sociale

e un coinvolgimento emotivo più profondi rispetto ai
tradizionali RPG.

Inoltre, l'interazione fisica nella VR permette ai giocatori di
agire come il proprio personaggio. Ad esempio, in "The
Wizards - Dark Times", i giocatori possono imparare e lanciare
incantesimi con gesti reali, aggiungendo un livello di
immersione e coinvolgimento unico.

3.5 Realtà Virtuale e Sport: "Thrill of the Fight" come Esempio

La Realtà Virtuale ha anche fatto incursioni nel mondo dello
sport con giochi come "Thrill of the Fight". Questo titolo
simula il pugilato, consentendo ai giocatori di indossare i
guantoni virtuali e sfidare avversari controllati dall'intelligenza
artificiale. La fisica realistica e l'interazione diretta rendono
l'esperienza molto simile a uno sparring reale, fornendo un
modo innovativo per esercitarsi e divertirsi
contemporaneamente.

3.6 Conclusioni del Capitolo 3

In questo capitolo, abbiamo esplorato la connessione tra i
videogiochi e la Realtà Virtuale, analizzato l'immersione e la
narrativa offerta da questa tecnologia, esaminato generi di
giochi popolari e fornito esempi pratici di come la Realtà
Virtuale stia trasformando il gioco. Prossimamente, ci
concentreremo sulla creazione e lo sviluppo di giochi VR.

IV
Esplorare le Potenzialità della Realtà Virtuale

4.1 Applicazioni Fuori dal Mondo dei Giochi

La Realtà Virtuale non si limita al mondo dei giochi; le sue potenzialità si estendono a una vasta gamma di settori. Nell'ambito della formazione, ad esempio, la VR offre simulazioni pratiche e immersive. Un esempio è "Virtual Reality Medical Center", che utilizza la Realtà Virtuale per la terapia del trauma e la gestione dello stress, consentendo ai pazienti di affrontare situazioni difficili in un ambiente controllato.

L'applicazione di queste tecnologie nel settore aziendale è sempre più diffusa. Aziende utilizzano simulazioni VR per la formazione di dipendenti, consentendo loro di affrontare scenari realistici senza i rischi associati. "Walmart Academy VR" è un esempio, con programmi di addestramento basati sulla Realtà Virtuale per migliorare le competenze dei dipendenti.

4.2 Settori Industriali e Professionali

La Realtà Virtuale ha trovato applicazione anche in settori industriali e professionali. Nell'ingegneria e nella progettazione, ad esempio, la VR consente di visualizzare progetti complessi in tre dimensioni. Gli ingegneri possono esplorare edifici virtuali prima che siano costruiti, individuando potenziali problemi o miglioramenti. "IrisVR" è uno strumento che permette agli architetti di esplorare i loro progetti in VR, ottenendo una prospettiva più accurata e realistica.

Nel settore manifatturiero, la VR è utilizzata per simulare linee di produzione e processi, migliorando l'efficienza e la sicurezza. Le aziende possono testare nuovi layout di fabbrica o addestrare gli operatori senza dover fermare la produzione. "Siemens Tecnomatix" è un software che offre soluzioni VR per la progettazione di impianti di produzione.

4.3 Utilizzo nella Formazione ed Educazione

Nel campo dell'istruzione, la Realtà Virtuale offre opportunità uniche per coinvolgere gli studenti e migliorare il processo di apprendimento. "Google Expeditions" è un'applicazione che consente agli studenti di fare virtualmente escursioni in luoghi lontani o esplorare concetti scientifici in modo interattivo. Immagini 360° e ambienti virtuali trasformano l'apprendimento in un'esperienza coinvolgente e memorabile.

La formazione medica beneficia enormemente della Realtà Virtuale. Gli studenti di medicina possono esplorare il corpo umano in dettaglio, praticare procedure chirurgiche virtuali e acquisire esperienza pratica in un ambiente virtuale sicuro. App come "Osso VR" offrono simulazioni di chirurgia ortopedica per gli studenti di medicina e gli operatori sanitari.

4.4 Esempi Pratici: Realtà Virtuale nella Formazione Industriale

Un esempio pratico dell'applicazione della Realtà Virtuale nella formazione industriale è "Lithodomos VR". Questa app permette agli studenti di archeologia e storia di esplorare antichi siti storici in modo virtuale. Invece di leggere di Pompei in un libro di testo, gli studenti possono camminare per le strade della città romana distrutta dall'eruzione del Vesuvio.

Nel settore medico, "Touch Surgery" è un'applicazione che fornisce simulazioni di procedure chirurgiche. Gli studenti di medicina e i chirurghi possono praticare passo dopo passo le tecniche chirurgiche in un ambiente virtuale, migliorando la loro competenza e sicurezza prima di entrare in sala operatoria.

4.5 Conclusioni del Capitolo 4

In questo capitolo, abbiamo esplorato le molteplici potenzialità della Realtà Virtuale al di là del mondo dei giochi. Dalle applicazioni nella formazione e nell'istruzione al loro utilizzo nei settori industriali e professionali, la VR sta rivoluzionando la nostra capacità di apprendere, lavorare e interagire con il mondo circostante. I prossimi capitoli si concentreranno sulla creazione e lo sviluppo di contenuti VR, esplorando le sfide e le opportunità di questo campo in continua evoluzione.

V
Creare e Sviluppare Giochi VR

5.1 Strumenti e Piattaforme di Sviluppo

La creazione di giochi in Realtà Virtuale richiede l'utilizzo di strumenti e piattaforme specifiche che consentano agli sviluppatori di sfruttare appieno le potenzialità della tecnologia. Motori grafici come Unity e Unreal Engine sono ampiamente utilizzati per la creazione di contenuti VR. Questi motori forniscono una vasta gamma di strumenti, risorse e supporto per lo sviluppo di giochi VR, riducendo la complessità del processo creativo.

Unity, ad esempio, offre un pacchetto di sviluppo VR completo chiamato Unity XR, che supporta una varietà di dispositivi VR, dai visori più comuni come Oculus Rift a dispositivi mobili come Oculus Quest. Unreal Engine, dall'altro lato, dispone di Unreal Engine VR Editor, che permette agli sviluppatori di modificare e creare contenuti direttamente all'interno dell'ambiente VR.

5.2 Principi di Progettazione Specifici per la Realtà Virtuale

La progettazione di giochi VR richiede una comprensione approfondita dei principi specifici della Realtà Virtuale. La presenza e l'immersione sono elementi chiave che gli sviluppatori devono considerare. La progettazione di interfacce utente intuitive e la gestione del comfort dell'utente durante l'esperienza sono essenziali per garantire che i giocatori possano godere appieno del gioco senza disagi.

"Boneworks" è un esempio di gioco che ha implementato con successo principi di progettazione specifici per la Realtà Virtuale. La fisica avanzata e l'interazione dettagliata con l'ambiente consentono ai giocatori di sentire una connessione più diretta con il mondo virtuale. L'implementazione di controlli intuitivi e naturali contribuisce all'immersione e alla sensazione di presenza.

5.3 Sfide e Opportunità nello Sviluppo di Giochi VR

Lo sviluppo di giochi VR presenta sfide uniche rispetto a quelli tradizionali. La nausea da movimento è una delle principali preoccupazioni, poiché il divario tra i movimenti nel mondo virtuale e quelli nel mondo reale può causare disagi fisici. Gli sviluppatori devono progettare con attenzione gli schemi di movimento e considerare alternative come il teletrasporto o la locomozione a gradini per ridurre questo problema.

Un'altra sfida è la necessità di mantenere alte performance grafiche. La Realtà Virtuale richiede immagini stereoscopiche separate per ciascun occhio, raddoppiando il carico di lavoro grafico. Gli sviluppatori devono bilanciare la qualità grafica con la fluidità dell'esperienza per evitare problemi come il motion sickness.

Tuttavia, lo sviluppo di giochi VR offre anche opportunità uniche. La creatività è al centro di questa sfida, con la possibilità di esplorare nuovi concetti di gioco che sfruttano al massimo le caratteristiche della Realtà Virtuale. "Job Simulator" è un esempio di come gli sviluppatori possono sfruttare le peculiarità della VR per creare esperienze ludiche uniche e divertenti.

5.4 Esempi Pratici: Giochi VR di Successo

Molti giochi VR hanno dimostrato il successo della piattaforma, guadagnandosi una vasta popolarità e apprezzamento dalla comunità dei giocatori. "Beat Saber", un gioco in cui i giocatori utilizzano spade laser per colpire blocchi al ritmo della musica, è un esempio iconico di come la Realtà Virtuale possa combinare azione, musica e interazione fisica in un'esperienza coinvolgente.

Un altro esempio è "The Walking Dead: Saints & Sinners". Questo gioco non solo offre una narrativa avvincente ambientata nell'universo di The Walking Dead, ma implementa anche meccaniche di gioco innovative, come la gestione delle risorse in un mondo aperto e pericoloso.

5.5 Realtà Virtuale e Esport: "Echo VR" come Esempio

La Realtà Virtuale ha fatto il suo ingresso nel mondo degli esport, e "Echo VR" ne è un esempio riuscito. Questo gioco di sport futuristico è una sorta di sport di squadra in ambiente anti-gravitazionale. I giocatori indossano visori VR e si immergono completamente nella competizione. L'esperienza di gioco fisica e l'interazione con la squadra rendono "Echo VR" un titolo coinvolgente e spettacolare per gli esport VR.

5.6 Conclusioni del Capitolo 5

In questo capitolo, abbiamo esplorato la creazione e lo sviluppo di giochi in Realtà Virtuale, analizzando gli strumenti e le piattaforme di sviluppo, i principi di progettazione specifici e le sfide uniche che gli sviluppatori devono affrontare. Gli esempi pratici di giochi VR di successo dimostrano l'ampio spettro di esperienze che questa tecnologia può offrire. Nei prossimi capitoli, approfondiremo ulteriormente le opportunità di sviluppo nella Realtà Virtuale.

VI
Opportunità e Sfide nello Sviluppo di Contenuti VR

6.1 Diversificazione dei Contenuti VR

Con l'espansione continua del settore della Realtà Virtuale, si aprono molteplici opportunità per diversificare i contenuti. Mentre i giochi VR hanno dominato inizialmente il panorama, nuove categorie stanno emergendo. Applicazioni per la creatività, come "Tilt Brush" e "Medium", permettono agli utenti di esprimersi artisticamente in uno spazio virtuale 3D, mentre applicazioni di fitness come "Beat Saber" integrano l'esercizio fisico con l'esperienza ludica.

Un altro esempio è "VRChat", una piattaforma sociale che consente agli utenti di creare mondi virtuali e interagire con gli altri attraverso avatar personalizzati. Questa diversificazione apre le porte a una vasta gamma di opportunità, dalla formazione aziendale alla terapia virtuale.

6.2 Realtà Aumentata vs Realtà Virtuale

Mentre la Realtà Virtuale immersiva è stata al centro dell'attenzione, la Realtà Aumentata offre un approccio diverso. La Realtà Aumentata sovrappone elementi digitali al mondo reale, creando esperienze ibride. Un esempio notevole è "Pokémon GO", che utilizza la Realtà Aumentata per far interagire i Pokémon con l'ambiente circostante attraverso gli schermi dei dispositivi mobili.

Le opportunità nella Realtà Aumentata si estendono a settori
come il turismo, con applicazioni che forniscono informazioni
in tempo reale sui luoghi visitati, o l'industria manifatturiera,
con soluzioni AR per la manutenzione e la riparazione guidata.
La scelta tra Realtà Aumentata e Virtuale dipende dall'obiettivo
dell'applicazione e dalla preferenza dell'utente.

6.3 Sfide della Realtà Virtuale nella Vita Quotidiana

Nonostante le molteplici opportunità, la Realtà Virtuale
presenta ancora alcune sfide nella sua integrazione nella vita
quotidiana. L'accessibilità economica è una preoccupazione,
con dispositivi di alta qualità ancora fuori dalla portata di molti
consumatori. Tuttavia, l'avanzamento tecnologico e la
concorrenza crescente stanno gradualmente abbassando i costi.

Un'altra sfida è la "realtà virtuale isolata". Mentre la VR offre
esperienze coinvolgenti, c'è il rischio di isolare gli utenti dal
mondo reale. Questo solleva preoccupazioni sulla
socializzazione e sulla connessione umana. Tuttavia,
applicazioni sociali come "AltspaceVR" cercano di colmare
questo divario, fornendo spazi virtuali per incontri e interazioni
sociali.

6.4 Realtà Virtuale e Medicina: Terapia Virtuale e Formazione

La Realtà Virtuale ha rivoluzionato il settore medico in termini
di terapia virtuale e formazione. Nella terapia, la VR è
utilizzata per trattare disturbi come il disturbo da stress post-
traumatico (PTSD) e le fobie. "Limbitless Solutions" ha

sviluppato un'applicazione VR chiamata "Relax VR", che aiuta i pazienti a gestire lo stress e l'ansia attraverso esperienze rilassanti.

Nella formazione medica, la Realtà Virtuale offre simulazioni realistiche e interattive. "Osso VR" consente agli studenti di praticare interventi chirurgici virtuali, migliorando le loro competenze e la loro sicurezza prima di affrontare situazioni reali. Queste applicazioni stanno cambiando il modo in cui medici e professionisti sanitari acquisiscono esperienza pratica.

6.5 Esempi Pratici: Realtà Virtuale nel Settore Aziendale

Le opportunità della Realtà Virtuale nel settore aziendale sono ampie e in continua espansione. La formazione aziendale può beneficiare di simulazioni VR per situazioni di crisi, leadership e comunicazione efficace. "Strivr", ad esempio, offre soluzioni VR per la formazione aziendale, consentendo ai dipendenti di praticare situazioni di lavoro complesse in un ambiente virtuale.

La Realtà Virtuale è anche utilizzata per la collaborazione aziendale. "Spatial" è un'applicazione che permette agli utenti di incontrarsi in spazi virtuali condivisi, lavorando insieme su progetti e documenti. Questo approccio offre la possibilità di connettersi e collaborare in modo più efficace, specialmente in un contesto aziendale sempre più distribuito.

6.6 Realtà Virtuale nel Marketing e nel Commercio

Il settore del marketing e del commercio sta abbracciando sempre di più la Realtà Virtuale per coinvolgere i consumatori e migliorare l'esperienza d'acquisto. Applicazioni di prova virtuale consentono ai consumatori di provare virtualmente prodotti come abbigliamento o cosmetici prima di effettuare un acquisto online. "IKEA Place" è un'app che utilizza la Realtà Aumentata per permettere agli utenti di vedere come i mobili IKEA si integrano nei loro spazi domestici.

Il marketing esperienziale è un'altra area in cui la Realtà Virtuale può eccellere. Campagne pubblicitarie VR coinvolgenti possono creare una connessione emotiva tra il consumatore e il prodotto. Ad esempio, la campagna "The North Face: Nepal" ha portato gli utenti a vivere un'esperienza virtuale di scalata sull'Himalaya, creando un legame emotivo con il marchio.

6.7 Realtà Virtuale nell'Intrattenimento e nel Turismo

Nel settore dell'intrattenimento, la Realtà Virtuale offre nuove modalità di esperienze immersive. Parco a tema e luoghi di intrattenimento stanno integrando la VR nei loro spettacoli e attrazioni. "The VOID" è un esempio, offrendo esperienze di gioco completamente immerse in ambienti fisici con l'aggiunta di elementi virtuali.

Nel turismo, la VR consente ai potenziali viaggiatori di esplorare destinazioni prima di prenotare. "YouVisit" è una piattaforma che offre tour virtuali di luoghi in tutto il mondo, consentendo agli utenti di vivere un'anteprima realistica delle loro destinazioni desiderate. Ciò può influenzare positivamente le decisioni di viaggio e aumentare l'entusiasmo dei turisti.

6.8 Realtà Virtuale e Arte: Espressione Creativa in 3D

La Realtà Virtuale sta anche influenzando il mondo dell'arte, consentendo agli artisti di esprimersi in modo tridimensionale. Applicazioni come "Tilt Brush" e "Quill" consentono agli utenti di creare opere d'arte in uno spazio virtuale 3D, aprendo nuove possibilità creative. L'arte VR può essere esplorata non solo come creazione statica, ma anche come esperienza dinamica e interattiva.

Gli spettacoli d'arte virtuale, come "Carne y Arena" di Alejandro González Iñárritu, portano gli spettatori in un'esperienza di realtà virtuale che esplora la vita degli immigrati attraverso una serie di scenari virtuali. Questo approccio apre nuove vie per la narrazione e l'espressione artistica, consentendo agli artisti di coinvolgere il pubblico in modo più profondo.

6.9 Realtà Virtuale e Creatività: Esplorare Nuovi Orizzonti

La Realtà Virtuale offre una piattaforma unica per esplorare nuovi orizzonti creativi. Artisti digitali, musicisti e creatori di contenuti stanno sfruttando la VR per creare esperienze immersive. Ad esempio, "VRrOOm" è un'applicazione che offre esperienze musicali immersive in Realtà Virtuale, consentendo agli utenti di partecipare virtualmente a concerti e eventi musicali.

La creazione di mondi virtuali e storie interattive è un altro ambito in cui la VR sta rivoluzionando la creatività. "Alcove" è un'app che permette agli utenti di condividere storie e momenti speciali in ambienti virtuali condivisi. La Realtà Virtuale offre una nuova dimensione all'esperienza creativa, consentendo ai creatori di coinvolgere il loro pubblico in modi innovativi.

6.10 Realtà Virtuale e Prospettive Future

Mentre la Realtà Virtuale ha già compiuto passi da gigante, il futuro presenta molte prospettive affascinanti. L'evoluzione dell'hardware, come visori più leggeri e dispositivi più potenti, renderà la VR più accessibile. Le tecnologie di tracciamento e sensori continueranno a migliorare, consentendo esperienze più precise e realistiche.

Il campo dell'Intelligenza Artificiale (IA) sarà sempre più integrato nella Realtà Virtuale, migliorando l'intelligenza degli avatars virtuali e la dinamicità degli ambienti. Gli sviluppatori si concentreranno su esperienze sempre più sociali e collaborative, cercando di superare le barriere della distanza fisica attraverso mondi virtuali condivisi.

Inoltre, la Realtà Virtuale potrebbe giocare un ruolo cruciale nella formazione e nell'istruzione del futuro. La creazione di simulazioni sempre più realistiche e interattive consentirà agli studenti di apprendere in modi innovativi. La terapia virtuale potrebbe diventare una componente standard nella gestione di disturbi mentali, offrendo soluzioni personalizzate e accessibili.

6.11 Conclusioni del Capitolo 6

In questo capitolo, abbiamo esplorato le molteplici opportunità e sfide nello sviluppo di contenuti VR. Dalla diversificazione dei contenuti alla continua evoluzione di tecnologie come Realtà Aumentata e Virtuale, la nostra comprensione delle potenzialità di questa tecnologia sta crescendo. Mentre affrontiamo le sfide attuali, il futuro della Realtà Virtuale si prospetta entusiasmante, con molte prospettive creative, sociali ed economiche in attesa di essere esplorate.

VII
Etica e Impatto Sociale della Realtà Virtuale

7.1 Introduzione all'Etica nella Realtà Virtuale

Con l'espansione della Realtà Virtuale (RV) in molteplici settori, emergono questioni etiche che richiedono una riflessione approfondita. La creazione di mondi virtuali e la manipolazione dell'esperienza umana attraverso dispositivi VR sollevano domande riguardo ai confini etici, alla privacy, alla sicurezza e all'impatto sociale. Questo capitolo esplorerà queste questioni e fornirà esempi pratici di come l'etica possa influenzare la progettazione e l'implementazione della RV.

7.2 Privacy e Protezione dei Dati

Una delle principali preoccupazioni etiche nella RV riguarda la privacy e la protezione dei dati personali. Gli ambienti virtuali possono raccogliere una vasta quantità di informazioni sugli utenti, dalla loro posizione e movimenti alla loro interazione con gli oggetti virtuali. Ad esempio, se un'app VR registra i movimenti oculari degli utenti per migliorare l'esperienza, ciò solleva preoccupazioni sulla privacy o il possibile utilizzo improprio di tali dati.

La normativa sulla privacy, come il Regolamento Generale sulla Protezione dei Dati (GDPR) nell'Unione Europea, pone limiti chiari sulla raccolta e l'uso dei dati personali. Gli sviluppatori e le aziende devono adottare pratiche etiche, garantendo il consenso informato degli utenti e implementando misure di sicurezza adeguate per proteggere le informazioni raccolte.

7.3 Impatto Sociale e Isolamento

La RV può influenzare l'interazione sociale in modi complessi. Da un lato, offre la possibilità di connettersi con persone da tutto il mondo attraverso mondi virtuali condivisi. Dall'altro, c'è il rischio di isolamento sociale quando le persone preferiscono la realtà virtuale alla vita reale. Ad esempio, se un individuo trascorre la maggior parte del suo tempo in mondi virtuali, questo potrebbe avere un impatto negativo sulle sue relazioni reali e sulla partecipazione sociale.

Gli sviluppatori di contenuti VR devono essere consapevoli di questi rischi e progettare esperienze che promuovano l'interazione sociale positiva. Applicazioni come "Rec Room" cercano di mitigare il rischio di isolamento offrendo spazi virtuali in cui gli utenti possono incontrarsi, giocare e interagire in modo positivo.

7.4 Realtà Virtuale e Salute Mentale

Mentre la RV può offrire benefici terapeutici, come nel caso della terapia virtuale per disturbi come il PTSD, è importante anche considerare gli impatti sulla salute mentale più ampia. Ad esempio, se l'uso eccessivo della RV diventa una forma di fuga dalla realtà, potrebbe avere effetti negativi sulla salute mentale degli utenti. L'equilibrio tra l'uso terapeutico e l'abuso della RV è una questione etica da considerare attentamente.

Le applicazioni destinate a migliorare la salute mentale, come

"Meditations VR" che offre esperienze di meditazione virtuale, dovrebbero essere progettate con l'obiettivo di supportare la salute mentale degli utenti senza creare dipendenza. Inoltre, l'accessibilità a tali applicazioni dovrebbe essere garantita per raggiungere un pubblico più ampio.

7.5 Realtà Virtuale e Etica nei Giochi

Nel contesto dei giochi in Realtà Virtuale, sorgono questioni etiche legate alla rappresentazione, alla violenza e all'impatto psicologico sugli utenti. Gli sviluppatori devono considerare attentamente il contenuto dei giochi VR, cercando di bilanciare l'esperienza emozionante con una prospettiva etica. Ad esempio, se un gioco VR presenta scene di violenza grafica, gli sviluppatori dovrebbero garantire che ciò sia giustificato dal contesto narrativo e che venga fornito agli utenti un adeguato avvertimento.

Inoltre, è essenziale evitare la rappresentazione stereotipata o offensiva di gruppi sociali all'interno dei giochi VR. La diversità e l'inclusione dovrebbero essere promosse attraverso la rappresentazione equa di personaggi e situazioni.

7.6 Realtà Virtuale e Accessibilità

Un altro aspetto etico critico riguarda l'accessibilità della Realtà Virtuale. Attualmente, molte soluzioni VR richiedono hardware costoso, come visori e controller avanzati, limitando l'accesso a determinati gruppi di persone. La creazione di un ambiente VR inclusivo richiede l'adozione di design universalmente accessibile e l'implementazione di tecnologie che consentano alle persone con disabilità di partecipare pienamente alle esperienze VR.

Applicazioni come "Virtual Reality for Accessibility" stanno esplorando modi per rendere la VR accessibile a persone con disabilità visive o uditive. Questo tipo di iniziative contribuisce a ridurre le barriere e a garantire che la RV sia accessibile a tutti.

7.7 Realtà Virtuale e Apprendimento Etico

Nel contesto dell'istruzione e della formazione VR, è cruciale integrare lezioni etiche nelle esperienze immersive. Ad esempio, se un'app di formazione aziendale simula situazioni eticamente complesse, gli utenti dovrebbero essere guidati attraverso discussioni etiche che promuovano la riflessione e lo sviluppo del pensiero critico.

Le applicazioni di apprendimento etico, come "Edu360" che offre esperienze di apprendimento immersive, possono contribuire a coltivare una consapevolezza etica tra gli utenti. Questo approccio integra la teoria etica con l'esperienza pratica, facilitando la comprensione e l'applicazione dei principi etici.

7.8 Realtà Virtuale e Impatto Ambientale

L'impatto ambientale della produzione e dell'uso di hardware VR è un'altra questione etica emergente. La produzione di dispositivi VR comporta l'estrazione di risorse, l'energia necessaria per la fabbricazione e il successivo smaltimento dei dispositivi obsoleti. Ridurre l'impatto ambientale della RV richiede la ricerca di soluzioni sostenibili, come il riciclo dei componenti e la progettazione di dispositivi con un ciclo di vita più lungo.

Le aziende del settore VR dovrebbero adottare pratiche etiche

che tengano conto dell'impatto ambientale e cercare di minimizzare la loro impronta ecologica. Iniziative come il riciclo dei visori VR e la progettazione di hardware modulare possono contribuire a ridurre gli sprechi e a favorire un approccio più sostenibile.

7.9 Realtà Virtuale e Diversità Culturale

La rappresentazione delle diverse culture all'interno dell'ambiente VR solleva questioni etiche legate alla sensibilità culturale e al rispetto delle differenze. Gli sviluppatori dovrebbero evitare stereotipi culturali e assicurarsi che le rappresentazioni siano rispettose e autentiche. Ad esempio, se un'app VR si basa su tradizioni culturali specifiche, gli sviluppatori dovrebbero consultare esperti culturali per garantire un'interpretazione accurata e rispettosa.

Inoltre, la promozione della diversità nelle esperienze VR, come "Culture Shock VR" che offre viaggi virtuali attraverso diverse culture, può contribuire a educare gli utenti e a promuovere la comprensione interculturale.

7.10 Realtà Virtuale e Regolamentazione Etica

Data la complessità delle questioni etiche legate alla Realtà Virtuale, la regolamentazione etica è essenziale per stabilire linee guida chiare e promuovere pratiche responsabili. Gli organismi di regolamentazione devono collaborare con esperti del settore, eticisti e rappresentanti della società civile per sviluppare normative che bilancino l'innovazione tecnologica con la protezione degli utenti e dei loro diritti.

Ad esempio, la creazione di comitati etici indipendenti

all'interno delle aziende di RV può contribuire a garantire una supervisione interna delle pratiche etiche. La trasparenza nella raccolta e nell'uso dei dati, la sicurezza degli utenti e il rispetto dei diritti umani devono essere al centro della regolamentazione etica della Realtà Virtuale.

7.11 Conclusioni del Capitolo 7

In questo capitolo, abbiamo esplorato le molteplici dimensioni etiche della Realtà Virtuale, affrontando questioni cruciali legate alla privacy, all'isolamento sociale, alla salute mentale, all'accessibilità e a molte altre. La comprensione e l'affronto di queste sfide etiche sono essenziali per garantire che lo sviluppo e l'implementazione della RV avvengano in modo etico e responsabile. In futuro, la collaborazione tra la comunità tecnologica, gli esperti etici e gli organismi di regolamentazione sarà fondamentale per plasmare un futuro della Realtà Virtuale che rispetti i valori e i diritti fondamentali della società.

VIII
La Comunità della Realtà Virtuale

8.1 Introduzione alla Comunità della Realtà Virtuale

La Realtà Virtuale (RV) non è solo una tecnologia isolata, ma una comunità in continua crescita di appassionati, sviluppatori e creativi. In questo capitolo, esploreremo il tessuto sociale che circonda la RV, analizzando la comunità che la sostiene, le piattaforme di condivisione e collaborazione e il modo in cui gli individui contribuiscono a plasmare il futuro della tecnologia immersiva.

8.2 Forum e Community Online

La comunità della RV è attiva su una vasta gamma di forum online, dove gli appassionati possono condividere esperienze, chiedere consigli e partecipare a discussioni approfondite. Reddit ospita numerosi subreddit dedicati alla RV, come r/oculus e r/virtualreality, dove gli utenti possono discutere di notizie, recensioni di hardware e software e proporre soluzioni a problemi tecnici.

Piattaforme come Discord offrono server dedicati alla RV, con canali specifici per argomenti come lo sviluppo di giochi VR, l'arte virtuale e la condivisione di esperienze. Questi spazi digitali sono vitali per la condivisione di conoscenze e la costruzione di legami all'interno della comunità.

8.3 Eventi e Conferenze della RV

Gli eventi e le conferenze dedicati alla RV svolgono un ruolo cruciale nel connettere la comunità, offrendo opportunità di apprendimento, networking e dimostrazioni delle ultime tecnologie. La "Virtual Reality Developers Conference" (VRDC) è un esempio, riunendo sviluppatori, designer e appassionati per condividere conoscenze e idee.

Altri eventi, come la "Electronic Entertainment Expo" (E3) e la "Consumer Electronics Show" (CES), includono sempre più la RV tra le loro vetrine, consentendo alle aziende di presentare nuovi prodotti e agli appassionati di sperimentare le ultime innovazioni. Questi eventi sono occasioni fondamentali per costruire la coesione della comunità e ispirare nuove collaborazioni.

8.4 Creazione Collettiva e Open Source

La comunità della RV è anche caratterizzata dalla cultura della creazione collettiva e dell'open source. Molte risorse, come modelli 3D, script e librerie, sono condivise liberamente tra gli sviluppatori. Piattaforme come GitHub fungono da centri per progetti open source in cui la comunità può collaborare alla creazione di nuovi strumenti e applicazioni.

Un esempio di questo spirito collaborativo è il progetto "OpenXR", uno standard open source supportato da diverse aziende nel settore VR per garantire la compatibilità tra hardware e software. Queste iniziative promuovono l'innovazione aperta e consentono a sviluppatori di diverse provenienze di contribuire al progresso della tecnologia VR.

8.5 Contenuti Utente Generati e Social VR

La comunità della RV è anche un terreno fertile per i contenuti generati dagli utenti. Piattaforme come "AltspaceVR" e "VRChat" consentono agli utenti di creare e condividere mondi virtuali, interagire con gli altri attraverso avatar personalizzati e partecipare a eventi sociali virtuali. Gli spazi virtuali diventano luoghi di espressione creativa, con utenti che progettano mondi ispirati alla fantasia, eventi di intrattenimento e molto altro.

L'aspetto "Social VR" è particolarmente evidente in applicazioni come "Facebook Horizon" e "Rec Room", dove gli utenti possono connettersi con amici, partecipare a giochi e collaborare su progetti condivisi. La comunità VR non è solo una spettatrice, ma una partecipante attiva nella creazione di contenuti e nella definizione delle dinamiche sociali all'interno degli ambienti virtuali.

8.6 Crowdfunding e Supporto Finanziario

Molte iniziative VR trovano sostegno attraverso piattaforme di crowdfunding come Kickstarter e Indiegogo. Gli sviluppatori possono presentare le loro idee alla comunità, chiedendo finanziamenti per portare avanti progetti promettenti. Questo approccio non solo fornisce ai creativi le risorse finanziarie necessarie, ma coinvolge anche la comunità nell'evoluzione e nel successo di nuovi prodotti e applicazioni VR.

Progetti come "Oculus Rift" e "HTC Vive" hanno avuto successo grazie al supporto finanziario della comunità, dimostrando il potenziale di collaborazione tra sviluppatori e utenti nella creazione di nuove tecnologie immersive.

8.7 Educazione e Formazione all'interno della Comunità VR

La condivisione di conoscenze e competenze è una caratteristica distintiva della comunità VR. Gli esperti condividono guide, tutorial e risorse educative per aiutare sia i principianti che gli sviluppatori esperti a migliorare le proprie competenze. Piattaforme come YouTube sono ricche di canali dedicati alla RV, offrendo tutorial su sviluppo, recensioni di prodotti e approfondimenti tecnici.

Iniziative come "VR Learning Resources" aggregano risorse educative, permettendo agli utenti di accedere a una vasta gamma di contenuti formativi. L'apprendimento nella comunità VR è spesso informale, basato sulla condivisione di esperienze e sulla pratica collaborativa.

8.8 Advocacy e Attivismo nella Realtà Virtuale

Oltre agli aspetti tecnici e di sviluppo, la comunità della RV si impegna attivamente nell'advocacy e nell'attivismo. Gli utenti e gli sviluppatori lavorano insieme per promuovere l'accessibilità, la diversità e l'inclusione nella VR. Iniziative come "VR for Everyone" si concentrano sull'eliminazione delle barriere che impediscono a determinati gruppi di persone di partecipare pienamente all'esperienza VR.

L'attivismo si estende anche alla promozione dell'etica e della responsabilità nella produzione e nell'uso della RV. La comunità svolge un ruolo cruciale nel sensibilizzare sulle questioni etiche, sostenendo standard di sicurezza e promuovendo comportamenti responsabili tra gli sviluppatori e gli utenti.

8.9 Progetti Collaborativi e Hackathon VR

I progetti collaborativi e gli hackathon VR offrono opportunità uniche per la comunità di lavorare insieme su idee innovative. Questi eventi accelerano lo sviluppo di nuovi progetti, incoraggiando la creatività e la risoluzione collaborativa di problemi. "Global Game Jam" è un esempio di hackathon che coinvolge sviluppatori di giochi e appassionati di RV di tutto il mondo per creare giochi e prototipi in un breve lasso di tempo.

Le piattaforme di collaborazione online, come "GitHub", diventano hub centrali per la condivisione di codice e l'avanzamento di progetti collaborativi. Questi sforzi collettivi contribuiscono all'innovazione rapida e alla diffusione delle migliori pratiche all'interno della comunità.

8.10 Realtà Virtuale e Lavoro Remoto

La comunità VR sta esplorando attivamente l'applicazione della tecnologia nel contesto del lavoro remoto. Piattaforme come "Spatial" consentono agli utenti di incontrarsi in ambienti virtuali per collaborare su progetti, tenere riunioni e condividere idee, creando un'esperienza di lavoro remoto più immersiva e coinvolgente.

Il lavoro remoto attraverso la RV offre nuove opportunità per la collaborazione internazionale, la formazione aziendale e la creazione di ambienti di lavoro virtuali personalizzati. La comunità è in prima linea nell'esplorare e definire le nuove modalità di lavoro supportate dalla RV.

8.11 Conclusioni del Capitolo 8

La comunità della Realtà Virtuale è un ecosistema vibrante, composto da individui appassionati, sviluppatori innovativi e creativi che contribuiscono attivamente alla crescita e all'evoluzione della tecnologia immersiva. Attraverso forum online, eventi, collaborazioni e attivismo, la comunità VR si impegna a plasmare un futuro che sia inclusivo, etico e all'avanguardia.

IX
Le Ultime Tendenze e il Futuro della Realtà Virtuale

9.1 Introduzione alle Ultime Tendenze della Realtà Virtuale

La Realtà Virtuale (RV) è un campo in costante evoluzione, con nuove tendenze e sviluppi che plasmano costantemente il suo futuro. Questo capitolo esplorerà alcune delle ultime tendenze nella RV e si avventurerà nel territorio delle innovazioni che potrebbero caratterizzare il suo futuro.

9.2 Tendenze Attuali nella Realtà Virtuale

9.2.1 Aumento della Qualità Visiva

Uno degli sviluppi più evidenti nella RV è l'aumento della qualità visiva. I visori VR più recenti offrono risoluzioni più elevate, riducendo l'effetto "grata" che spesso limitava l'esperienza visiva. Ad esempio, il visore "Valve Index" presenta uno schermo ad alta definizione che migliora significativamente la chiarezza delle immagini. Questa tendenza è fondamentale per migliorare l'immersione e rendere l'esperienza VR più realistica.

9.2.2 Avanzamenti nell'Interazione Utente

L'interazione utente è al centro dell'esperienza VR, e le nuove tendenze si concentrano sull'innovazione degli input e dei feedback. I controller haptic, che forniscono risposte tattili agli utenti, stanno diventando sempre più comuni. "Oculus Touch" è un esempio di controller che offrono una sensazione tattile, consentendo agli utenti di "sentire" gli oggetti virtuali che toccano. Questo tipo di avanzamenti rende l'interazione VR più immersiva e coinvolgente.

9.2.3 Crescente Adozione nel Settore Aziendale

La RV sta trovando sempre più applicazioni nel settore aziendale. Le aziende stanno sfruttando la tecnologia VR per la formazione del personale, la progettazione di prodotti e la collaborazione remota. Ad esempio, "Walmart" utilizza la RV per addestrare i dipendenti alla gestione di situazioni complesse. Questa tendenza indica che la RV sta diventando un elemento chiave nelle strategie aziendali per migliorare l'efficienza e la produttività.

9.3 Futuro della Realtà Virtuale: Innovazioni in Arrivo

9.3.1 Realtà Aumentata e Realtà Virtuale Fusionate

Una delle prospettive più intriganti è la fusione della Realtà Virtuale con la Realtà Aumentata. Questa combinazione, nota come Realtà Mista (RM), mira a integrare elementi virtuali nel mondo reale. "Microsoft HoloLens" è un esempio di dispositivo che si spinge in questa direzione, sovrapponendo hologrammi al mondo fisico. Questa convergenza potrebbe portare a nuove applicazioni rivoluzionarie in settori come la progettazione, la formazione e il supporto tecnico.

9.3.2 Intelligenza Artificiale Integrata

L'integrazione dell'Intelligenza Artificiale (IA) nella RV è un'altra frontiera di innovazione. Gli agenti virtuali intelligenti potrebbero migliorare l'esperienza utente, anticipando le esigenze degli utenti e adattandosi dinamicamente alle loro interazioni. Un esempio potrebbe essere un assistente virtuale all'interno di un'app VR che impara dalle preferenze dell'utente nel tempo, personalizzando l'esperienza in modo unico.

9.3.3 Progressi nella Sensazione di Presenza

La "presenza" è il senso di essere fisicamente presente in un ambiente virtuale. I futuri sviluppi mirano a migliorare questa sensazione attraverso l'uso di feedback sensoriali avanzati. Ad esempio, la tecnologia di "bioritmo" potrebbe monitorare la frequenza cardiaca e la temperatura corporea dell'utente per regolare dinamicamente l'ambiente virtuale. Questi progressi renderebbero l'esperienza VR ancora più coinvolgente, simulando in modo più accurato la realtà.

9.3.4 Evoluzione della Realtà Virtuale Social

La socializzazione in ambiente virtuale sta diventando sempre più significativa. Piattaforme come "Facebook Horizon" e "VRChat" consentono agli utenti di connettersi in spazi virtuali condivisi. Il futuro potrebbe portare a un'espansione di queste interazioni, creando mondi virtuali sempre più sociali. Ad esempio, potremmo vedere la simulazione di eventi sociali in VR, consentendo alle persone di partecipare a concerti, conferenze e feste virtuali.

9.4 Applicazioni Potenziali e Impatti Sociali della RV

9.4.1 Salute Mentale e Benessere

La RV potrebbe avere un impatto significativo sulla salute mentale e il benessere. Applicazioni progettate per ridurre lo stress e l'ansia stanno emergendo, offrendo agli utenti esperienze rilassanti e meditative. Progetti come "Oculus Move" mirano a integrare la RV nella routine di fitness quotidiana, rendendo l'esercizio più coinvolgente e motivante.

9.4.2 Educazione Immersiva

L'apprendimento immersivo è un'applicazione chiave della RV nel settore educativo. Gli studenti possono esplorare ambienti storici, compiere viaggi virtuali nello spazio e partecipare a simulazioni scientifiche. "Google Expeditions" è un esempio di piattaforma che porta gli studenti in viaggi virtuali attraverso il curriculum. Questa tendenza potrebbe rivoluzionare il modo in cui apprendiamo, offrendo esperienze educative più coinvolgenti e memorabili.

9.4.3 Colaborazione Globale e Lavoro Remoto

La RV potrebbe trasformare la collaborazione aziendale e il lavoro remoto. In ambienti virtuali, gli utenti possono sentirsi come se fossero nello stesso spazio fisico, migliorando la comunicazione e la connessione tra i membri del team. Questo potrebbe rendere il lavoro remoto più efficace, consentendo alle persone di collaborare come se fossero fisicamente presenti.

9.5 Sfide e Considerazioni Etiche nel Futuro della RV

9.5.1 Privacy e Sicurezza

Con l'evoluzione della RV, emergono nuove sfide sulla privacy e la sicurezza. L'uso di dati biometrici e la registrazione delle esperienze degli utenti sollevano preoccupazioni sulla protezione delle informazioni personali. Le aziende dovranno affrontare queste questioni sviluppando politiche etiche e garantendo la sicurezza dei dati degli utenti.

9.5.2 Accessibilità e Diversità

Garantire che la RV sia accessibile a una vasta gamma di utenti è un obiettivo cruciale. Sia a livello fisico che economico, le barriere devono essere abbattute per garantire l'accesso equo alla tecnologia. Inoltre, rappresentare la diversità nelle esperienze virtuali richiede attenzione per evitare stereotipi culturali e favorire un ambiente inclusivo.

9.5.3 Dipendenza e Impatto sulla Salute

L'uso eccessivo della RV potrebbe portare a dipendenza e avere impatti sulla salute mentale. È essenziale condurre ricerche sulla gestione responsabile del tempo trascorso nella RV e sulle sue conseguenze sulla salute. Creare linee guida per un uso equilibrato e consapevole della tecnologia sarà fondamentale.

9.6 Conclusioni sul Futuro della Realtà Virtuale

In conclusione, la Realtà Virtuale sta attraversando un'evoluzione entusiasmante con molteplici tendenze e innovazioni. Dai progressi tecnologici alle nuove applicazioni, la RV sta ridefinendo la nostra interazione con il mondo digitale. Tuttavia, è essenziale affrontare le sfide etiche emergenti per garantire che la RV evolva in modo responsabile e inclusivo.

X
Conclusioni e Invito all'Esplorazione

10.1 Sintesi delle Principali Lezioni Apprese

L'esplorazione del mondo della Realtà Virtuale (RV) ci ha condotto attraverso un viaggio affascinante tra tecnologie avanzate, applicazioni innovative e le sfide etiche che accompagnano questa crescita esplosiva. In questo capitolo conclusivo, faremo una sintesi delle principali lezioni apprese durante il nostro viaggio attraverso i capitoli precedenti.

Nel Capitolo 1, abbiamo gettato le basi comprendendo cos'è la Realtà Virtuale e come funziona. Abbiamo esplorato la differenza tra Realtà Virtuale e Realtà Aumentata, delineando le caratteristiche chiave che rendono unica la VR. Con esempi pratici, come gli occhiali VR Oculus Rift, abbiamo iniziato a capire l'immersione sensoriale che la RV può offrire.

Il Capitolo 2 ci ha introdotti al vasto mondo dell'hardware e del software necessario per sperimentare la RV. Dai visori VR alle applicazioni e ai giochi, abbiamo esplorato le componenti essenziali che compongono un'esperienza di Realtà Virtuale completa. Abbiamo anche discusso delle tecnologie di tracciamento del movimento e dei controller, che giocano un ruolo cruciale nell'interazione dell'utente con l'ambiente virtuale.

Nei Capitoli 3 e 4, ci siamo addentrati nei dettagli delle

applicazioni pratiche della RV. Dal gaming alle simulazioni mediche, abbiamo esplorato come la RV stia influenzando diversi settori, offrendo nuove opportunità di apprendimento, allenamento e intrattenimento. Abbiamo anche discusso delle sfide legate alla progettazione di esperienze VR efficaci e coinvolgenti.

Il Capitolo 5 ci ha portati nell'affascinante mondo dello sviluppo software per la Realtà Virtuale. Abbiamo esplorato i linguaggi di programmazione, le librerie e gli ambienti di sviluppo utilizzati per creare applicazioni e giochi VR. Con esempi pratici, abbiamo capito come un programmatore può iniziare a esplorare il vasto potenziale creativo della RV.

Il Capitolo 6 ha affrontato l'importante aspetto dell'interazione sociale nella Realtà Virtuale. Abbiamo esplorato piattaforme sociali come VRChat e Facebook Horizon, scoprendo come la RV stia cambiando il modo in cui le persone si connettono e interagiscono virtualmente. Abbiamo anche discusso delle sfide legate all'etica e alla gestione della comunità in ambienti virtuali condivisi.

Nel Capitolo 7, abbiamo esaminato come la Realtà Virtuale stia influenzando l'istruzione e la formazione. Attraverso progetti come Google Expeditions e applicazioni di formazione VR specializzate, abbiamo visto come la RV offra nuovi modi di apprendere e acquisire competenze in modo immersivo. Abbiamo anche esplorato il concetto di aule virtuali e il potenziale di espansione dell'educazione attraverso la RV.

Il Capitolo 8 ci ha condotti nella comunità della Realtà Virtuale. Abbiamo esplorato forum online, eventi e conferenze dedicati alla RV, riconoscendo il ruolo fondamentale che la comunità gioca nell'innovazione e nell'adozione diffusa della tecnologia VR. Abbiamo discusso di progetti collaborativi, attivismo etico e del ruolo chiave della comunità nel plasmare il futuro della RV.

Il Capitolo 9 ha esplorato le ultime tendenze e il futuro della Realtà Virtuale. Dall'aumento della qualità visiva alla fusione di RV e RA, abbiamo gettato uno sguardo su ciò che ci aspetta nei prossimi anni. Abbiamo anche discusso delle potenziali applicazioni della RV, dalle sfide della salute mentale e del benessere alle trasformazioni nel lavoro remoto e nell'istruzione.

10.2 Riflessioni sulle Sfide e le Opportunità della RV

La RV, pur essendo una tecnologia promettente, non è priva di sfide. Durante il nostro viaggio, abbiamo toccato argomenti cruciali come la privacy e la sicurezza, l'accessibilità e la diversità, e l'impatto sulla salute mentale. È essenziale affrontare queste sfide per garantire che la RV cresca in modo sostenibile ed etico.

La questione della privacy e della sicurezza nella RV è di fondamentale importanza. L'uso di dati biometrici e il monitoraggio delle esperienze degli utenti richiedono politiche etiche e sicurezza robusta. Gli sviluppatori e le aziende devono impegnarsi a proteggere le informazioni personali degli utenti e a garantire che la RV sia un ambiente sicuro per esplorare.

L'accessibilità e la diversità sono questioni legate all'equità nell'accesso alla RV. Sia dal punto di vista fisico che economico, è importante abbattere le barriere che potrebbero escludere gruppi di persone dalla partecipazione alla tecnologia VR. Creare un ambiente virtuale inclusivo e rappresentativo richiede sforzi concentrati per evitare stereotipi culturali e garantire un accesso equo.

La dipendenza e l'impatto sulla salute mentale sono preoccupazioni che richiedono una gestione consapevole. È importante promuovere un uso equilibrato della RV, incoraggiando pause regolari e sensibilizzando sulle potenziali conseguenze dell'eccessivo utilizzo. Educare gli utenti su pratiche responsabili è fondamentale per garantire che la RV sia un complemento positivo alla vita quotidiana.

10.3 Invito all'Esplorazione Continua

Concludiamo questo viaggio nella Realtà Virtuale con un invito all'esplorazione continua. La RV è in costante evoluzione, con nuove tecnologie e applicazioni che emergono regolarmente. Per continuare a esplorare questo mondo affascinante, considera alcune azioni chiave:

10.3.1 Mantieni la Curiosità

La tecnologia VR si sviluppa a un ritmo rapido. Mantenere una mentalità curiosa ti consentirà di restare aggiornato sulle ultime innovazioni e scoperte nel campo. Segui blog, forum e canali social dedicati alla RV per rimanere informato sulle nuove tendenze e sviluppi.

10.3.2 Partecipa alla Comunità

La comunità della RV è un luogo vibrante di condivisione di idee, risorse e esperienze. Partecipare a forum online, eventi locali o conferenze dedicate alla RV ti metterà in contatto con persone appassionate e ti offrirà l'opportunità di apprendere da altri esploratori virtuali.

10.3.3 Sperimenta Nuove Applicazioni

Esplora nuove applicazioni e giochi VR per scoprire come la tecnologia è utilizzata in diversi settori. Dalla medicina all'arte, la RV offre una vasta gamma di esperienze. Prova nuove applicazioni per ampliare la tua comprensione delle potenzialità della tecnologia.

10.3.4 Esplora lo Sviluppo VR

Se hai interesse nello sviluppo software, considera l'opportunità di esplorare la creazione di contenuti VR. Con le risorse online e le community di sviluppatori, puoi iniziare a creare le tue esperienze virtuali e contribuire alla crescita della RV.

10.4 Conclusioni Finali

La Realtà Virtuale è un mondo in continua espansione, pronto ad accogliere esploratori e innovatori. Nel corso di questo viaggio, abbiamo attraversato le fondamenta, esplorato le applicazioni pratiche, immerso nella comunità e gettato uno sguardo al futuro. Con sfide da affrontare e opportunità da cogliere, il futuro della RV è nelle mani di coloro che sono pronti a esplorare, creare e plasmare questa straordinaria tecnologia.